DIE „VORTRÄGE UND SCHRIFTEN" WENDEN SICH AN DIE WEITEN KREISE DERER, DIE AN WISSENSCHAFTLICHER FORSCHUNGSARBEIT ANTEIL NEHMEN

1. Heft: Wesen und Aufgaben der Akademie. Vier Vorträge von Th. Vahlen, E. Heymann, L. Bieberbach und H. Grapow. 8°. III, 43 Seiten und ein Porträt. 1940. RM 2.—

2. Heft: Bodenordnung als volkspolitische Aufgabe und Zielsetzung nationalsozialistischen Ordnungswillens. Von Prof. Dr. Konrad Meyer. 8°. III, 25 Seiten u. eine Tafel. 1940. RM 1.20

3. Heft: Die kosmische Ultrastrahlung als Forschungsproblem. Von Prof. Dr. H. Geiger. 8°. 33 Seiten. 1940. RM 1.30

4. Heft: Nationalgedanke und Dichtung in Italien. Von Prof. Dr. E. Winkler. 8°. 31 Seiten. 1940. RM 1.20

5. Heft: Die alten Bevölkerungsverhältnisse Rußlands im Lichte der Sprachforschung. Von Prof. Dr. M. Vasmer. 8°. 35 Seiten und eine Karte. 1941. RM 1.85

6. Heft: Caesars weltgeschichtliche Leistung. Von Prof. Dr. Matthias Gelzer. 8°. 34 Seiten. 1941. RM 1.30

7. Heft: Stoffe, Kräfte und Gedanken als Träger chemischer Gestaltung. Von Prof. Dr. Peter A. Thiessen. 8°. 27 Seiten. 1941. RM 1.—

8. Heft: Die biologische Chemie im Dienste der Volksgesundheit. Von Prof. Dr. Adolf Butenandt. 8°. 21 Seiten. 1941. RM —.80

9. Heft: Zur Frühgeschichte der Astronomie in Berlin. Von Prof. Dr. Hans Ludendorff †. 8°. 23 Seiten. 1942. RM —.90

10. Heft: Die Gezeiten der festen Erde, des Meeres und der Atmosphäre. Von Prof. Dr. Albert Defant. 8°. 36 Seiten. 1942. RM 1.20

(Fortsetzung siehe 3. Umschlagseite)

VERLAG WALTER DE GRUYTER & CO., BERLIN W 35

PREUSSISCHE AKADEMIE DER WISSENSCHAFTEN
VORTRÄGE UND SCHRIFTEN
HEFT 20

DIE AUSBREITUNG DER INDOGERMANEN

VON

PROF. DR. FRANZ SPECHT

BERLIN 1944

VERLAG WALTER DE GRUYTER & CO

VORMALS G. J. GÖSCHEN'SCHE VERLAGSHANDLUNG · J. GUTTENTAG, VERLAGSBUCHHANDLUNG · GEORG REIMER · KARL J. TRÜBNER · VEIT & COMP.

Printed in Germany
Druck von Walter de Gruyter & Co., Berlin W 35
Archiv Nr. 345844

DER

MARTIN LUTHER-UNIVERSITÄT

HALLE-WITTENBERG

ZUM

250 JÄHRIGEN JUBILÄUM

1. JULI 1944

Der Begriff des indogermanischen Urvolkes ist von der Sprachwissenschaft geprägt worden. Sie hat auch zuerst versucht, mit sprachwissenschaftlichen Mitteln die Urheimat dieses Volkes zu bestimmen. Aber allmählich hat sich doch gezeigt, daß sie zur Ergänzung eine Reihe von Nachbarwissenschaften, wie Geschichte, Vorgeschichte, Archäologie, Rassenkunde u. a. heranziehen muß. Wenn heute auch noch manches im Fluß ist und manche Einzelheiten künftig berichtigt werden dürften, so läßt sich doch die Ausbreitung dieses indogermanischen Urvolkes in großen Linien schon jetzt zeichnen. Das will ich in der kurzen mir zur Verfügung stehenden Zeit versuchen.

Die Ursitze der Indogermanen haben westlich der Buchengrenze gelegen[1], also ungefähr westlich einer Linie Königsberg-Odessa. Da sie Lachs und Aal gekannt haben, Fische, die es nur in den Flüssen gibt, die nach Norden in die Nordsee, Ostsee und das nördliche Eismeer fließen, fällt der ganze Donauraum aus. In eine mehr nördliche Gegend weist auch die Rechnung nach Wintern, Monden und Nächten[2]. Dieser aus sprachlichen Erwägungen kurz umrissene Raum, der etwa in Mittel- und Norddeutschland zwischen Rhein und Weichsel liegt, läßt sich nun mit Hilfe der Siedlungsarchäologie genauer bestimmen[3] (s. Karte 1). In Frage kommt zunächst von Mitteldeutschland etwa der südliche Teil der Provinz Sachsen mit Anhalt und Thüringen, wo sich eine jungsteinzeitliche Kultur findet, die zur Verzierung ihrer Töpfe Schnuren in den noch nassen Ton drückte. Nach diesem Leitmotiv wird sie Schnurkeramik und ihre Träger Schnurkeramiker genannt. Als zweites Siedlungsgebiet der Indogermanen hat das westliche Ostseebecken zu gelten, d. i. der östliche Teil der Halbinsel Jütland und Schleswig-Holsteins mit Mecklenburg, den dänischen Inseln und der Südwestspitze Skandinaviens. Nach der Art, wie sie ihre Toten in großen Steingräbern beisetzten, werden sie Großsteingräberleute oder Megalithgräberleute genannt. Nach den neuesten Untersuchungen unterscheiden sie sich rassisch in nichts von den Schnurkeramikern[4]. Mitten unter den Schnurkeramikern und nördlich von ihnen bis in die nördliche Altmark befinden sich mehrere untereinander verwandte Kulturen, die man mit dem mehrdeutigen Sammelnamen ‚nordische Kulturen' zu benennen pflegt. Sie stehen im engsten Zusammenhange mit den Großsteingräberleuten. Während man nun das Indogermanentum der Schnurkeramiker ernstlich nie bestritten hat, ist das der zweiten Gruppe gelegentlich angezweifelt worden, indem man eine Zuwanderung aus dem Westen annahm[5]. Aber zwingende Beweise liegen dafür nicht vor.

Doch ehe ich Ihnen die Wanderungen und Ausbreitung dieser Indogermanen vorführe, muß ich zunächst eine Reihe grundsätzlicher Fragen erledigen. Wir sind leicht geneigt aus der Gegenwart heraus, wo es in Deutschland kaum größere Siedlungslücken gibt, für eine frühere Zeit mit ähnlichen Zuständen zu rechnen. Davor kann nicht genug gewarnt werden. In der jüngeren Steinzeit gab es in Deutschland weite Flächen, die zu einer Siedlung völlig ungeeignet waren. Der größte Teil der dichten Wälder konnte mit den damaligen Mitteln nicht gerodet werden. Flüsse mit ihren regelmäßig wiederkehrenden Überschwemmungen, versumpfte Niederungen und weite Moore ließen vielfach eine Siedlung nicht zu. Auch die Berglandschaften, vor allem die deutschen Mittelgebirge mit ihrem starken Waldbestand fielen zunächst als Siedlungsraum völlig aus. Selbst da, wo breite Flächen scheinbar zum Ackerbau einluden, genügten die Werkzeuge nicht immer, um diesen Acker erfolgreich zu bebauen. So waren es nur ganz wenige und immer die gleichen Gebiete, die eine Besiedlung zuließen.

Von der Natur von selbst gegeben waren auch die Verbindungswege, und wenn es in die Weite ging, die Wanderstraßen. Sie sind immer wieder jahrhundertelang nicht nur von den verschiedensten Völkern, sondern auch von den Kaufleuten benutzt worden. Verhältnismäßig frei und offen war der Weg nach dem Osten und von Schlesien nach Südosten durch Kleinpolen und Galizien in die Ukraine. Nach Süden lockte der große Donauraum, von dem man durch das Morawa- und Wardartal die Ägäis und durch das heutige Bulgarien hindurch ohne große Schwierigkeiten Bosporus und Hellespont erreichen konnte. Das reiche, fruchtbare Kleinasien mit seinen unvorstellbaren Schätzen lud dann von selbst den indogermanischen Wanderer zur Weiterwanderung über die Meerengen ein. Sehr viel unbequemer war von Mitteldeutschland und dem Ostseegebiet ein Ausweichen nach dem Westen und Süden. Im Westen hemmten weite, undurchdringliche Moore, die deutschen Mittelgebirge und die in der Regel von Süden nach Norden verlaufenden Flußtäler vorläufig ein Vordringen. Nur nach dem Südwesten führte ein viel benutzter Wanderweg, der durch die heutige Eisenbahnlinie Halle—Erfurt—Frankfurt a. Main gekennzeichnet wird. Er ging durch die Wetterau in das Maintal und von dort in die oberrheinische Tiefebene. Auf dieser Straße ist viel indogermanisches Blut von Mitteldeutschland und dem Ostseegebiet nacheinander nach Süddeutschland gezogen und hat schließlich zu einer Indogermanisierung des Landes geführt. Die Alpen bereiteten aber einem weiteren Vordringen nach Süden allerlei Schwierigkeiten, obwohl das Klima damals milder war und die Alpentäler stärker besiedelt waren. Für die Großsteingräberleute gab ferner das Wasser eine wichtige Verbindungsstraße ab, auf der sie sich sowohl nach Osten zu den Mündungen der Oder und Weichsel und nach Westen bis in das nördliche Holland wandten. Es ist deshalb nicht unwichtig zu erwähnen, daß das griechische Wort für das Meer πόντος bei anderen Indogermanen soviel wie ‚Straße, Weg' heißt.

Die Wanderzüge der Indogermanen und damit die Landnahme in der Fremde begannen, nachdem die Indogermanen zwei große kulturelle Erfindungen, Ackerbau und Viehzucht, übernommen hatten. Damit war ihr furchtbarster Feind, der dauernd unter ihnen wütete, der Hunger, auf einmal überwunden. Die Bevölkerung mehrte sich jetzt stark und schnell und brauchte für den reichen Nachwuchs neuen Lebensraum. Wir müssen uns eine solche Wanderung in der Regel in der Art des uns aus dem Lateinischen bekannten ver sacrum vorstellen. Eine junge auserwählte Mannschaft wanderte unter einem tatkräftigen Führer aus und suchte neues zusagendes Ackerland. Dabei ist man sicher nicht blind in das Ungewisse gezogen, sondern hat sich, soweit das möglich war, immer erst umgesehen und Erkundigungen über den neuen Siedlungsraum eingezogen. Da man bemüht war, mit der alten Heimat in Verbindung zu bleiben, so sind dem ersten Zuge immer weitere gefolgt, und erst diese haben dann zu einer endgültigen Indogermanisierung des besetzten Raumes geführt. Wo der ausreichende Nachschub ausblieb oder aus anderen Gründen der besetzte Raum nicht genügend mit eigenen Kräften gefüllt werden konnte, sind die zugewanderten Indogermanen rettungslos von der fremden Bevölkerung aufgesogen worden. Groß ist die Zahl der Auswanderer nie gewesen, aber sie besaß einen ungeheuren Willen, Tatkraft, Ordnungssinn und den festen Glauben an die ihnen gnädigen Götter. Eine Schar, die nach Ackerland sucht, ist im Grunde auch friedlich gesinnt und will nicht den Kampf. Nur wenn man ihr ihr Lebensrecht streitig macht, kann sie furchtbar werden. Das haben die Römer bei Noreja von den Kimbern und die Byzantiner bei Adrianopel von den Goten erfahren müssen. Ich habe auch das Empfinden, daß man den Westen, abgesehen von den geringen Wanderstraßen auch darum mied, weil er schon zu stark bevölkert war. Man zog zunächst nur dorthin, wo man noch genug Raum vermutete und dem unnötigen Kampf aus dem Wege gehen konnte.

Alle Wanderungen auf weite Sicht setzen aber die Erfindung des Wagens[6] und die Kenntnis des gezähmten Rindes voraus. Denn keine Schar konnte ohne genügende Vorräte in die Ferne ziehen, weil sie niemals wußte, ob sie unterwegs die nötigen Lebensmittel vorfand. Eine Wanderung ins Ungewisse ohne Mitnahme der nötigen Nahrung hätte zum Untergang der meisten Auswanderer führen müssen. Schon aus diesem Grund allein halte ich die Hypothese von den sogenannten Protoindogermanen[7], die schon vor der uns faßbaren Ausbreitung ihre Heimat verlassen haben sollen, für ganz unmöglich. Nach unserer heutigen Kenntnis der nordischen Chronologie werden wir eine größere Abwanderung aus dem Ostseegebiet oder dem mitteldeutschen Raum vor der Mitte des dritten Jahrtausends kaum annehmen dürfen.

Während die binnenländischen Schnurkeramiker noch lange fest saßen und sich nur unwesentlich ausdehnten, kamen die Großsteingräberleute mit den ihnen verwandten nordischen Kulturen Mitteldeutschlands zunächst in Bewegung (s. Karte 2). Ihre Züge gingen in die Weite. Vom Ostseeraum fuhren sie Oder und Weichsel aufwärts und gelangten über Schlesien und Polen nach Südrußland. Mehr aus dem mitteldeutschen Raum heraus stießen andere Scharen in östlicher Richtung bis zur mittleren Wolga und unteren Oka vor, in südöstlicher Richtung bis zum Kaukasus. Hier finden wir ihre Spuren an der schmalen Küstenstraße zwischen Gebirge und Kaspischem Meer[8]. Auch der Zug nach Süden über den Donauraum hinaus auf den Balkan ist von den nordischen Kulturen Mitteldeutschlands ausgegangen. Für alle die nach Süden vordringenden Indogermanen galt als heißersehntes Ziel das reiche, fruchtbare Kleinasien. Aber nur die Starken konnten bis zu den Meerengen vordringen und sie überschreiten. Die Schwächeren, wie die späteren Griechen, wurden nach dem Westen abgedrängt und suchten in den weniger siedlungsfreundlichen Gebieten des heutigen Albaniens oder angrenzenden Bulgariens nach zusagendem Ackerland. Dabei mußten sie immer wieder mit neuen Zuwanderern aus dem Norden rechnen, die ihnen das mühsam erkämpfte Siedlungsgebiet streitig machten und sie weiter zum Ausweichen nach Süden zwangen.

Jedenfalls dehnte sich am Ende des 3. Jahrtausends eine lange Indogermanenkette von der Adria im heutigen Albanien durch den Balkan diesseits und jenseits der beiden Meerengen bis nach Südrußland zur Nordküste des Schwarzen Meeres aus. Wenn auch der innere Zusammenhang durch die vielen dazwischen liegenden Siedlungslücken oft unterbrochen blieb, so wurde trotzdem das Meer mit seiner Küstenschiffahrt eine enge Verbindungsstraße. Viele der dort vorhandenen indogermanischen Stämme sind untergegangen oder später von ihrer anders sprechenden Umgebung aufgesogen worden. Nur im Griechischen, Armenischen und Arischen ist für uns der sprachliche Niederschlag dieser kulturellen Beziehungen noch greifbar. Aus dem Innern Kleinasiens kamen die Erzeugnisse des Orients zu ihnen. Dabei muß Troja II ein gewaltiger Umschlagshafen gewesen sein, von wo aus zu Wasser und zu Lande die neuen Waren zu den übrigen Stammesverwandten befördert wurden. Bis zu den in der Heimat Verbliebenen oder sogar bis zu den Schnurkeramikern sind diese Wörter und neuen Begriffe nicht mehr gedrungen. So lernte man eine Art Axt, wahrscheinlich die kupferne Doppelaxt, kennen und benannte sie nach dem assyrischen Wort *pilaqqu* in Südrußland bei den Vorindern *paraśú-*, in Albanien bei den Vorgriechen πέλεκυς[9]. Auch der Begriff des Kastraten wurde damals den Indogermanen zugleich mit der Handelsware bekannt. Nur schufen sie aus indogermanischen sprachlichen Mitteln ein eignes Wort, das im Griechischen als ἐθρίς, ἴθρις, ὄθρις, *ἄθρις, im Altindischen als *vádhri-* vorliegt. Weitere Begriffe, die in diesem Sprach- und Kulturkreis neu geprägt worden sind, waren das ‚Rasiermesser', griechisch ξυρός, -όν, altindisch *kṣurá-*, das Wort für den ‚Fremden' griechisch βάρβαρος, altindisch *barbara-*, für den ‚Wollüstling' griechisch βάτας, βαδάς, altindisch *batá-*, für die Zahl ‚1000', die als Handelswort von Bedeutung war, griechisch χίλιοι, altindisch *sahásra-*, für die ‚Ziege', deren einer Zuchtherd auf dem Balkan liegt, griechisch αἴξ, armenisch *ayc*, für die ‚Säule' griechisch κίων, armenisch *siun*, für den ‚Löwen' (Leoparden) ai. *siṁhá-*, armenisch *inj*.

Da das Griechische mit dem Armenischen und nur mit diesem eine ganze Reihe sprachlicher Übereinstimmungen teilt[10], so folgt daraus, daß Griechen und Armenier längere Zeit nachbarliche Berührungen gehabt haben. Das kann aber nur auf dem Balkan gewesen sein, wo die Armenier und die mit ihnen verwandten Phryger noch lange saßen, als Teile der Griechen bereits ihre Südwanderung nach dem heutigen Griechenland angetreten hatten. Sie sind in drei Zügen in ihre späteren Wohnsitze vorgestoßen. Der erste fällt etwa in das Jahr 2000. Der dritte, der uns als dorische Wanderung bekannt ist, läßt sich auf 1100 festlegen. Dazwischen liegt der Einbruch der Achäer, der den Streitwagen mit nach Griechenland brachte. In einem Zeitraum von ungefähr 1000 Jahren vollzog sich also die Besiedlung Griechenlands durch indogermanische Stämme. Dabei ist eines bemerkenswert. Seit der Abwanderung der einzelnen Völker aus der vorgriechischen Heimat auf dem Balkan waren sprachliche Berührungen mit den Zurückgebliebenen kaum noch vorhanden. Trotzdem sind die griechischen Mundarten im Grunde fast einheitlich. Also sind alle die Wandlungen, die das Griechische von der indogermanischen Grundsprache scharf abheben, um 2000 entweder bereits abgeschlossen oder doch wenigstens in vollem Gange. Für das Hethitische und Arische (Altindisch und Iranisch) gelten genau die gleichen Voraussetzungen. Über die übrigen indogermanischen Sprachen läßt sich nichts Bestimmtes sagen, weil die sprachliche Überlieferung viel zu spät einsetzt. Diese frühen sprachlichen Veränderungen sind also überall dort eingetreten, wo indogermanische Stämme fern vom Mutterlande zu einer Staatenbildung kamen. Die Ursachen wird man in einer stärkeren Vermischung mit fremden, nichtindogermanischen Bestandteilen suchen müssen; dabei bleibt auch noch zu erwägen, ob bei den weiten Vorstößen der Anteil des weiblichen nordischen Elementes nicht viel geringer gewesen sein mag als bei der allmählichen Ausbreitung der indogermanischen Völker in der frühen Bronzezeit.

Da die Griechen sich früh aus dem Verband der übrigen indogermanischen Stämme lösten, so steht auch das Griechische als indogermanische Sprache ganz für sich und hat, abgesehen vom Armenischen und dem nur dürftig bekannten Phrygischen und Makedonischen zu keiner indogermanischen Sprache nähere Beziehungen. Wo sich Übereinstimmungen etwa zwischen Griechisch und Altindisch nachweisen lassen, gehen sie immer auf Erhaltung älterer indogermanischer Sprachzustände zurück.

Die Armenier, die einmal auf dem Balkan östliche Nachbarn der Griechen waren, sind, als der größte Teil der Griechen bereits in das spätere Griechenland eingewandert war, mit den verwandten Phrygern über die Meerengen nach Kleinasien vorgedrungen und haben zu Ausgang des zweiten Jahrtausends das hethitische Reich zerstört, sind aber gedrängt von weiteren nachrückenden Indogermanen immer mehr nach dem Osten in schwer zugängliches Bergland abgewandert, das nach ihnen seinen Namen führt. Aber so wenig wie man heute in einem Armenier rassisch das Urbild des nordischen Menschen sehen kann, so wenig hat auch die armenische Sprache die alten indogermanischen Bestandteile rein erhalten. Sie ist so stark mit fremden Elementen durchsetzt, daß es verhältnismäßig lange gedauert hat, bis sie innerhalb der indogermanischen Sprachen richtig eingeordnet wurde. Die verwandten Phryger haben noch bis über die Mitte des ersten Jahrtausends nach der Zeitenwende ihre Sprache erhalten können. Dann sind sie wie alle Indogermanen Kleinasiens restlos der sprachlichen Umwelt erlegen.

So bleiben von dem ersten indogermanischen Vorstoß noch die Hethiter übrig, deren Vorfahren ich in den Indogermanen sehe, die in das Kaukasusgebiet vorgedrungen sind[11]. Auch sie sind sehr früh vom indogermanischen Kernland getrennt worden und haben später nur ganz ungenügenden Zustrom durch die Schnurkeramiker erfahren[12]. Er hat nicht ausgereicht, um die Sprache genügend vor fremdem Einfluß zu schützen. Das ist auch der Grund, daß diese indogermanische Sprache, die uns am frühesten bekannt ist, ein so fremdartiges Aussehen besitzt, so daß man ihre Zugehörigkeit zum Indogermanischen nicht gleich erkannte. Ja, heute gibt es noch Stimmen, die im Hethitischen keine Schwestersprache der andern indogermanischen Sprachen sehen wollen, sondern darin eine Art Vorindogermanisch erblicken. Man pflegt zwar heute in der Regel eine Einwanderung der Hethiter über Bosporus und Hellespont anzunehmen. Aber irgend eine überzeugende Verbindung mit einer uns sonst vorgeschichtlich bekannten Kultur läßt sich dann bislang nicht aufzeigen. Wohl aber scheinen andere Überlegungen für Einwanderung über den Kaukasus zu sprechen[13]. In einem Hymnus an die Sonne wird diese als im Meere aufgehend gedacht. Da eine alte Wanderstraße am Kaspischen, nicht aber am Schwarzen Meer entlang führt, so kommt dafür kaum etwas anderes als das Kaspische Meer in Frage. Die Hethiter übernahmen ferner als Schriftform die akkadische Keilschrift. Wären sie vom Westen gekommen, hätte es näher gelegen, daß sie sich der Schrift der Kappadokischen Tontafeln bedient hätten. Schließlich erfolgt die Ausbreitung des Hethiterreiches vom Osten nach Westen, nicht wie man bei einer Einwanderung über die Meerengen annehmen müßte, von Westen nach Osten.

Während dieser erste Vorstoß weit vom Kernlande in die Ferne führte, blieb die weitere Ausdehnung zunächst auf Mitteleuropa beschränkt. Am Ende der Steinzeit und Anfang der Bronzezeit haben Großsteingräberleute die Ostseeküste bis in das heutige Baltikum hinein besiedelt, über Kujavien hinaus sind sie weiter nach Osten vorgedrungen und haben sich ferner in Schlesien, Böhmen und in dem anschließenden Donauraum niedergelassen. Auch in Süddeutschland und vor allem im nördlichen Westdeutschland und Holland lassen sich ihre Spuren verfolgen. Durch diese dauernden Abwanderungen wurde natürlich die Volkskraft der zu Hause Verbliebenen stark geschwächt (s. Karte 2).

Viel gewaltiger und nachdrücklicher wirkten aber die Züge, die etwas später von den Schnurkeramikern Mitteldeutschlands ausgingen (s. Karte 3). Sie führten fast überall in die gleichen Gegenden, die schon die Großsteingräberleute aufgesucht hatten, überlagerten sie oder verbanden sich mit ihnen zu einem neuen Volkstum, aus dem dann die weiteren indogermanischen Einzelvölker hervorgegangen sind. Während also die Großsteingräberleute die Wegbereiter einer Indogermanisierung Europas und der angrenzenden Länder waren, wurden die Schnurkeramiker in der Regel ihre Vollender. So drangen sie von Mitteldeutschland zur unteren Oder, nach Schlesien und Böhmen vor, nach Osten bis Polen und dem Baltikum, vom Baltikum nach Norden bis Finnland. Von Schlesien aus führten jahrhundertelang auch Züge durch Kleinpolen nach Südrußland und verstärkten dort den indogermanischen Teil immer mehr, bis er sich fest und dauernd durchgesetzt hatte. Ihre weiteren Spuren können wir von dort bis zum Kaukasus und zur Wolga verfolgen[11]. Von der unteren Oder aus führten Wanderungen nach Nordosten in das heutige Ostpreußen, wo sich die Siedler mit den aus Mitteldeutschland ausgewanderten Schnurkeramikern aufs Neue verbanden. Aus dem mitteldeutschen Kerngebiet drangen sie saaleaufwärts bis in die heutige Oberpfalz vor, aber verlockender war der Marsch durch die Wetterau in die oberrheinische Tiefebene. Von dort führte ein Weg rheinabwärts nach England, andere Züge in das Alpenvorland, wo sie sich mit einer nichtindogermanischen Kultur vermischten, und die sogenannten Pfahlbauten errichteten. Spuren lassen sich sogar über die Alpen nach Oberitalien verfolgen[14]. Es sind die ersten indogermanischen Vorboten auf der Apenninhalbinsel, die die Indogermanisierung des

Landes vorbereiteten. Von höchster Bedeutung wurde schließlich eine letzte Wanderung, die aus Mitteldeutschland in nördlicher Richtung nach dem Westen der jütländischen Halbinsel bis Südskandinavien führte. Diese Schnurkeramiker, die man nach ihrer Hauptwaffe Streitaxtleute oder Bootaxtleute nennt, umgaben in weitem Bogen die durch zahlreiche Abwanderungen zusammengeschrumpften Großsteingräberleute. Aus der Vermischung und Vereinigung dieser beiden indogermanischen Stämme ist schließlich das germanische Volkstum hervorgegangen.

Aber nicht alles ist geblieben. Die Großsteingräberleute in Westdeutschland und Holland und die Schnurkeramiker in England und Finnland haben sich nicht durchsetzen können. Auch viele der Stämme, die weiter nach dem Osten gewandert sind, werden vielfach ihr indogermanisches Volkstum aufgegeben haben.

Durch die zahlreichen Abwanderungen aus dem indogermanischen Kerngebiet hatte sich das indogermanische Volkstum stark verschoben. Wohl saßen noch Reste in Mitteldeutschland und dem westlichen Ostseebecken. Aber das Schwergewicht hatte sich stärker nach Schlesien, der Lausitz und Böhmen verlagert und drängte allmählich immer weiter nach dem Donauraum und in vereinzelten Vorstößen auf den Balkan und sogar bis Nordgriechenland und zu den Meerengen vor (s. Karte 4). Enge Verbindungen bestanden nach Nordosten mit dem Baltikum und dem nordöstlichen Polen, wo das Volk der Balten und Slaven entstand, und nach Westen mit Süddeutschland, wo sich die Vorkelten absonderten. Stark waren auch scheinbar die Berührungen nach Südosten mit Südrußland, wo sich das Volk der Arier (d. i. Inder und Iranier) herausbildete. Aber in Wahrheit wird man diese Beziehungen nach Schlesien verlegen müssen, von wo ununterbrochen Schnurkeramiker nach Südrußland auswanderten. Sehr viel loser waren die Bindungen nach dem Balkan, wo nach Abwanderung der ersten Griechen noch phrygische Stämme wie die Armenier saßen. Auch mit den Germanen im Norden wird der Verkehr zunächst nur schwach gewesen sein, zumal als das Verbindungsglied die Aunjetitzer (Leubinger) Kultur aus Mitteldeutschland verschwand. Erst als sich später die Illyrer weiter nach Norden ausdehnten und die Germanen nach dem Süden vorstießen, wurden die Berührungen wieder enger. Irgendwo im Westen des böhmischen Raumes müssen wir die späteren Römer und nördlich oder nordöstlich davon die übrigen Italiker, wie Osker und Umbrer ansetzen (s. S. 23). Im östlichen Mitteldeutschland etwa bis zur Weichsel saßen auf dem siedlungsfreundlichen Ackerland indogermanische Stämme, aus denen später Thraker und Illyrer hervorgegangen sind. Dieser gewaltige Indogermanenblock Mitteleuropas vorwiegend schnurkeramischer Prägung hat mehrere Jahrhunderte bestanden. Es bedurfte längerer Zeit, ehe der riesige Raum wieder voll ausgefüllt war und er neue Kräfte in die Weite schicken konnte. Wie die vielen sprachlichen Isoglossen zeigen, bestand zwischen den einzelnen Völkern ein reger sprachlicher Austausch, der durch den friedlichen Handel, aber auch durch kriegerische Ereignisse hervorgerufen wurde. Denn unruhig war es damals immer. Noch drangen die letzten Nachkommen der Schnurkeramiker aus Mitteldeutschland vor und brachten Bewegung in die südlich von ihnen wohnenden Stämme. Dauernd im Fluß war die weitere Ausdehnung nach dem Donauraum, wohl hervorgerufen durch die fortgesetzt aus Ostdeutschland nach Süden vordringenden Stämme. Auch anhaltende Mißernten konnten ein friedliches Volk aus seinen Wohnsitzen scheuchen. Der Druck pflanzte sich dann von selbst bald schwächer, bald stärker auf die Nachbarn fort und brachte auch diese wieder in Unruhe. Dabei waren neue Überschichtungen und Vermischungen unvermeidbar. Um diese Zeit wird auch die Grundlage zur Entstehung der meisten indogermanischen Einzelstämme gelegt worden sein.

Sprachliche Isoglossen verlaufen bekanntlich nicht so, daß sie sich alle zu einem Bündel zusammenschließen, sondern sie gehen im einzelnen ihre eigenen Wege. So stimmt in manchen Neuerungen z. B. das Lateinische bald enger zum Arischen, bald zum Keltischen, bald zum Germanischen, bald zum Baltisch-Slavischen. Das einigende Band für alle diese sprachlichen Erscheinungen war die aus der jüngeren Steinzeit stammende schnurkeramische Grundlage.

In dem Ostraum dieses neuen indogermanischen Lebensraumes sind gewisse *k*-Laute zu Zischlauten geworden[15], die in dem späteren Baltischen, Slavischen, Thrakischen, Phrygischen und Arischen fortleben. Es ist die bekannte Einteilung des Indogermanischen nach Centum- und Satemsprachen, die aber wertlos ist, da sie nur für einen Teil des Indogermanischen in Frage kommt. Auch die Media aspirata hat in einem Teil des östlichen Raums ihren Hauchlaut verloren, wie im Baltisch-Slavischen, in der östlichen Hälfte des Illyrischen, im Makedonischen und wahrscheinlich auch bei den in einem östlichen Gebiet wohnenden Thrakern und Phrygern, soweit sie noch nicht nach Süden abgezogen waren. Wahrscheinlich ist auch der Schlußvokal der zweisilbigen Wurzel in einem bestimmten Teil dieses Ostraums verloren gegangen. Vielleicht ist auch der Zusammenfall von *o* und *a* zu *a* in der gleichen Gruppe gemeinsam eingetreten, obwohl dieser Lautwandel so selbstverständlich ist, daß er auch überall unabhängig entstehen konnte. Im westlichen Teil dieses Sprachraums sind die palatalen *k*-Laute, die Media aspirata und der Schlußvokal der zweisilbigen Wurzel geblieben, und *o* und *a* sind auseinander gehalten. Dafür ist als neuer Kasus der Genitiv Singularis der *o*-Stämme auf *-ī* gebildet worden, wie lateinisch *equī*, der sich im Lateinischen, Keltischen und Illyrischen durchgesetzt hat. Die Form selbst kennt zwar auch das Altindische und das Baltische, aber nicht als Genitiv.

Obwohl sich in diesem neuen indogermanischen Sprachraum oft eine Sonderentwicklung zwischen der Ost- und Westhälfte ergibt, so bestehen aber andererseits auch zahlreiche Querverbindungen zwischen Osten und Westen. Dahin gehört der enge sprachliche Zusammenhang in der Wortwahl und in Flexionserscheinungen zwischen dem Italischen und Keltischen einerseits und dem Arischen andererseits, an dem öfter auch das Baltisch-Slavische und das Germanische teilnehmen. In der Wortwahl sind es oft Neuprägungen in der Sprache des Rechtes und Kults[16]. Man verspürt deutlich, wie hinter der ehemaligen Dorf- und Sippengemeinschaft Anfänge einer staatlichen Ordnung entstehen mit der **teutā*, der staatlichen Gemeinschaft, mit dem König (lateinisch *rēx*) an der Spitze, mit dem Gesetz (lateinisch *lēx*), dem Verbot (lateinisch *interdico*), mit dem Gefolgsmann (lateinisch *socius*, *vir*), mit dem Glauben (lateinisch *crēdere*), der Totenverehrung (lateinisch *sepelire*), den Göttern als den Himmlischen (altlateinisch *deivos*), und den Menschen als den Irdischen (lateinisch *homines*) usw., alles Wortprägungen, die den früh abgewanderten Griechen und Armeniern fehlen. Enge Verwandtschaft besteht auch in der verbalen Bildungsweise zwischen Italisch und Baltisch-Slavisch, woran auch das Germanische teilnimmt.

Aber entscheidend für ein gemeinsames sprachliches Leben in dem neuen indogermanischen Siedlungsraum sind gewisse Neuschöpfungen, die nicht unabhängig an verschiedenen Stellen entstanden sein können. Ich führe dafür ein Beispiel an. Die Griechen kennen ein Wort αὐλός, dessen ursprüngliche Bedeutung ‚Röhre' gewesen ist. Im Norwegischen bedeutet das entsprechende *aul* den hohlen Stengel einer bestimmten Pflanze. In dem mitteleuropäischen Raum hat das gleiche Wort, z. T. mit einem Suffix *-ejos* vermehrt, den besonderen Wortsinn ‚Bienenstock' angenommen, vgl. lateinisch *alvus*, *alveus*, litauisch *aulỹs*, *avilỹs*, lettisch *avuolis*, *avielis*, russisch *úlej*, čechisch *úl*. Es ist ganz ausgeschlossen, daß diese Bedeutung an den drei Stellen des mitteleuropäischen Sprachraums unabhängig geprägt worden ist. Leider kennen wir die illyrische und thrakische Sprache nicht, so daß wir nicht wissen, ob nicht auch dort dasselbe Wort in gleichem Sinne bekannt gewesen ist.

Die einzelnen indogermanischen Stämme der neuen mitteleuropäischen Sprachlandschaft sind nicht auf einmal in Bewegung geraten. Mit den dauernden Abwanderungen nach dem Donauraum wird auch die Südwanderung der späteren latino-faliskischen Stämme erfolgt sein, die noch vor der Mitte des zweiten Jahrtausends über die Ostalpen nach Oberitalien vordrangen. Die Kunde von der Erfindung des Streitwagens ist nicht mehr bis zu ihnen gekommen[17]. Auch die Achäer könnten unter dem gleichen mittelbaren Druck zu ihrem südlichen Vorstoß nach Griechenland gezwungen worden sein. Besonders unruhig war aber das Volk im Westen des südrussischen Lebensraums, wo das Volk der Arier siedelte. Die Eigenart der südrussischen Steppe war bestimmend auch für den Menschen. Hier lernte er in der weiten Ebene das Pferd vor den Wagen spannen, woraus sich der Streitwagen entwickelte[18], der Stolz und die Freude des vedischen Inders. Die Kunde von dieser neuen Waffe ist von dort in den Donauraum und die angrenzenden Gebiete gedrungen. Achäische Griechen, Kelten, auch Osker und Umbrer, Thraker und Illyrer haben sich ihrer bedient. Römer und vielleicht auch die Germanen haben sie nicht mehr übernommen.

Mit dem neuen Streitwagen sind die Arier weit nach Osten vorgestoßen, und wir können heute einen Wanderweg, der durch den Kaukasus am Kaspischen Meer entlang in das Machtbereich der Hethiter führt, genau verfolgen[19]. Hier übernahmen die Hethiter, aber auch nichtindogermanische Völker wie die Assyrer diese neue Kampfwaffe. Sicher werden auch Arier unter denjenigen indogermanischen Stämmen gewesen sein, die über die Wolga nach dem Osten weiterzogen. Aus dem Raum südlich des Kaukasus und der turkestanischen Steppe sind sie dann nach dem Iran und über den Kabulpaß in das Stromgebiet des Indus vorgestoßen.

In dem frei gewordenen südrussischen Raum haben neben iranischen Resten wohl zunächst thrakische Stämme gesiedelt. Hier lernten sie in der Steppe von nichtindogermanischen

Steppenvölkern das Pferd als Reittier kennen[20]. So erschienen am Ausgang des zweiten Jahrtausends zum ersten Male in der Geschichte indogermanische Reiter mit Pfeil und Bogen. Gegen diese neue Waffe mit ihrer Fernwirkung gab es zunächst keinen Schutz, und die in die ungarische Tiefebene vordringenden thrakischen Reiter brachten alles in Bewegung und Verwirrung[21]. Über 2000 Jahre haben diese Einbrüche von Reitervölkern aus der südrussischen Steppe angehalten und jedesmal neue Unruhen im mitteleuropäischem Raum verursacht (s. Karte 5). Unter dem mittelbaren Druck der thrakischen Reiter zogen die Dorer nach Süden in das spätere Griechenland und vollendeten die Indogermanisierung des Landes. Phryger mit Armeniern setzten über die Meerengen nach Kleinasien hinüber, drängten andere indogermanische Stämme vor sich her und vernichteten schließlich das Hethiterreich. Osker und Umbrer wichen nach Westen aus und gelangten zu Lande und über die nördliche Adria an die Ostküste der Apenninhalbinsel[22]. Nördlich von ihnen drängte der wohl illyrische Stamm der Veneter[23] nach, nahm die östliche Poebene in Besitz und zwang Latiner, Osker und Umbrer weiter nach Süden und Südwesten auszuweichen.

Vor allem aber kamen die illyrischen Stämme in Bewegung, die sich zwischen Elbe und Weichsel aus schnurkeramischen Bestandteilen heraus entwickelt und sich südlich bis Böhmen und den Donauraum ausgedehnt hatten. Ihre Bedeutung ist sicher nicht gering anzuschlagen, aber trotzdem zeitweise stark übertrieben worden. So schlossen sich Illyrer den abziehenden Dorern an; ihre Spuren lassen sich an griechischen Ortsnamen noch erkennen[24]. Daß sich auch allerlei illyrische Sprachreste im Dorischen erhalten haben sollen, wird zwar bestimmt behauptet, aber der Beweis dafür ist noch nicht sicher erbracht[25]. Sie können nur ganz unbedeutend gewesen sein. Andere Illyrer wichen nach Westen und Südwesten zur Adria und darüber hinaus zur italischen Küste aus, so daß man um diese Zeit die Adria ein rein illyrisches Meer nennen kann.

Wieder andere illyrische Stämme drangen bis Kreta vor — es sind die Kreti und Pleti des Alten Testamentes — plünderten von dort die ägyptische Küste und ließen sich schließlich als Philister in Palästina nieder. Da aber aus der Heimat jeder Nachschub ausblieb, mußte sich ihr Schicksal bald erfüllen. Aus dem böhmischen Raum stießen Illyrer als sogenannte Urnenfelderleute nach Westen in das keltische Siedlungsgebiet Süddeutschlands vor, und aus der Vermischung beider Völker entstand wahrscheinlich das Volk der Kelten. Die Reste der Illyrer im Donauraum und auf dem Balkan wurden schließlich in römischer Zeit romanisiert, soweit sie nicht schon vorher nach den Kriegen mit den Makedonen römischem Vernichtungswillen zum Opfer fielen[26]. Was in der alten Heimat zwischen Elbe und Weichsel sitzen geblieben war, wurde von den aus dem Norden vordringenden Germanen und von den aus der südöstlichen Steppe einbrechenden Iraniern aufgerieben oder aufgesogen.

Das Volk der Thraker hat sich aus nordischen Resten und vorwiegend schnurkeramischen Bestandteilen wohl im ostdeutschen Raum entwickelt, ist dann aber noch vor der illyrischen Volkwerdung weiter nach Süden in den östlichen Donauraum (Ungarn) gezogen, wo es sich auch jenseits der Karpathen ausbreitete[27]. Dort hatte es Berührungen mit den Slaven, wie sprachliche Übereinstimmungen zeigen. Im ersten Jahrtausend saß es im Wesentlichen südlich der Donau, im Osten der Balkanhalbinsel bis nach Südrußland hinein. Im Osten lassen sich die thrakischen Stämme schwer von den Iraniern, im Westen schwer von den Illyrern scheiden. Als die Phryger über die Meerengen setzten, schloß sich ihnen ein Teil von den im Westen wohnenden Thrakern als eine Art Nachhut an. Andere thrakische Scharen sind bis Griechenland vorgedrungen, wo die historische Überlieferung Reste noch in Phokis, Thessalien, Böotien und Mitteleuboia kennt. Der Einfluß, den das Thrakische auf die Entwicklung des Griechischen ausgeübt hat, kann aber wie bei dem Illyrischen nur ganz gering angeschlagen werden[28]. Als Kimmerier haben sie als Reitervolk ganz Südrußland durchstreift und über den Kaukasus Kleinasien heimgesucht. Herodot hat in den Thrakern nach den Indern das größte Volk der Erde gesehen[29]. Aber Reisläuferdienste und dauernde Kriege haben ihre Zahl sehr geschwächt. Was den fortgesetzten Kämpfen mit den Makedonen und dem Keltensturm nicht zum Opfer fiel, ist nach und nach der römisch-griechischen Kolonisation erlegen. Nur in weniger zugänglichen Gegenden werden sie Sprache und Volkstum länger bewahrt haben. Als im sechsten Jahrhundert die Avaren mit ihrem slavischen Fußvolk auf den Balkan vorstießen, sind Angehörige der Landschaft Dardania, die die lingua Bessorum, also thrakisch sprachen, nach Südwesten in das heutige Albanien ausgewichen[30]. Somit scheinen die Albaner die letzten Reste des einst so gewaltigen thrakischen Volkes zu sein. Ihre Sprache ist aber so sehr mit fremden Bestandteilen durchsetzt, daß nur ein bescheidener Bruchteil als indogermanisches Erbe angesehen werden kann.

Diejenigen Iranier, die nicht seßhaft wurden, haben als Reiter unter dem Namen Skythen jahrhundertelang die Steppen Asiens und Südeuropas durchstreift und sind von dort bis Ungarn, Schlesien und Südbrandenburg vorgedrungen. Von den verwandten Thrakern sind sie nicht immer scharf zu scheiden. Erst nach dem Vordringen der Bastarnen an das Schwarze Meer verschwinden sie aus der westlichen Ukraine.

Bei den Tocharern, jenem indogermanischen Volk, das bis an die Grenzen Chinas vordrang und die große Bedeutung besitzt indische Geisteskultur von Indien nach China vermittelt zu haben[31], können wir vorläufig nur auf Grund sprachlicher Erwägungen zu gewissen Schlüssen kommen[32]. Sie zählen zu den centumsprachigen Indogermanen und könnten also wie die Hethiter zu dem frühesten indogermanischen Vorstoß nach dem Osten gehören. Dagegen spricht aber die Sprache. Denn während das Hethitische schon in der Mitte des zweiten Jahrtausends sein indogermanisches Aussehen stark verändert hat, mutet das Tocharische zwei Jahrtausende später zwar in der Deklination fremd an, aber Wortwahl und Konjugation haben deutlich das indogermanische Gepräge bewahrt. Also müssen sie sich wohl später vom indogermanischen Kerngebiet getrennt haben .Dann kommt aber nur die indogermanische Gruppe in Frage, die zu Beginn der Bronzezeit im mitteleuropäischen Raum saß. Gutturale statt Zischlaute und Erhaltung der zweisilbigen Wurzel weisen sie eher in die westliche Hälfte in die Nachbarschaft der späteren Römer. Ihre Sitze lassen sich ungefähr bestimmen. Im Lateinischen gibt es eine uralte Reimformel *fingo-pingo*, die genau im Tocharischen A als *tseke-peke* wiederkehrt[33]. Mit *fingo-tseke* wird die Tätigkeit des Töpfers wiedergegeben, mit *pingo-peke* die des Malers, der die Töpfe bemalt. Nun ist aber den Indogermanen in der jüngeren Steinzeit Bemalung der Gefäße völlig fremd gewesen. Wohl aber war sie bei Teilen der Bandkeramiker üblich, vor allem in Südrußland. Nach Westen reicht eine ältere Gruppe mit Ausschluß von Schlesien bis Südwestmähren und Niederösterreich und eine jüngere Gruppe, der sogenannte Šárka-Typ, bis in die Umgebung von Prag[34]. Da die Tocharer bekanntlich auch den Lachs kannten, der im Donauraum nicht vorkommt, werden in dem zuletzt genannten Gebiete der oberen Elbe und unteren Moldau Römer und Tocharer von den Bandkeramikern die Kunst der Bemalung übernommen haben. Es ist denkbar, daß das gleiche Ereignis, das die Römer zu ihrer Südwanderung veranlaßte, die Tocharer zum Ausweichen nach Osten oder eher Südosten zwang, wo sie dem Gesetz der Steppe verfielen und mit der Zeit ein Reitervolk wurden.

Die Entstehung des Keltenvolkes ist in Süddeutschland zu suchen. Den Kern bildeten namentlich aus dem Norden zugewanderte Schnurkeramiker. Es bleibt aber vorläufig ganz unsicher, wann wir von eigentlichen Kelten sprechen dürfen. Irische Vorgeschichtler wollen keltische Besiedlung in Irland schon für die Bronzezeit annehmen[35], während Sprachwissenschaftler eher geneigt sind, dann erst von eigentlichen Kelten zu reden, als die indogermanischen Stämme Süddeutschlands zu Beginn des ersten Jahrtausends von den illyrischen Urnenfelderleuten überlagert wurden. Etwa um die Mitte des ersten Jahrtausends setzte ein ungeheurer Ausdehnungsdrang der Kelten ein, der mehrere Jahrhunderte anhielt. Er führte sie nach Westen über Frankreich bis Spanien und über das Meer nach England. Nach Osten dehnten sie sich über Böhmen bis Schlesien aus, nach Süden drangen sie über die Alpen bis Rom vor, nach Südosten führte der Weg bis in den Donauraum und von dort an das Schwarze Meer oder nach Süden in den Balkan bis Griechenland und über die Meerengen nach Kleinasien. Nach Norden stießen sie über den Thüringerwald bis Mitteldeutschland vor und verstärkten die dort schon seit Jahrhunderten vorhandenen keltischen Bestandteile. Es ist die erste große Völkerwanderung, die im Lichte der Geschichte vor sich geht und die uns die großen Umwälzungen solcher Völkerbewegungen ahnen läßt. Aber der Raum, den die Kelten durchmaßen, war viel zu groß, als daß sie ihn überall mit ihrer eigenen Volkskraft ausfüllen konnten. Als die Germanen noch vor der Zeitenwende nach Süddeutschland, Böhmen und Schlesien vorstießen und Caesar Gallien eroberte, erlag überall das Keltentum ihrem Angriff und gab an vielen Stellen in verhältnismäßig kurzer Zeit Sprache und Volkstum auf. Nur auf Irland und der Halbinsel Wales hat es sich erhalten. Schottland und die Bretagne sind Kolonialgebiete, die erst von den britischen Inseln aus beim Einbruch der Angelsachsen besiedelt wurden.

Von dem großen Indogermanenblock in Mitteleuropa ist der nordöstliche Raum, wo die späteren Balten und Slaven saßen, durch alle diese Ereignisse so gut wie unberührt geblieben. Das unfreundliche Land bot für den Fremden keinerlei Anziehung. Mit Beginn der Bronzezeit nimmt die Gruppe in Ostpreußen und östlich davon eine Bestattungssitte an, die sich ohne Bruch viele Jahrhunderte bis in die geschichtliche

Zeit fortsetzt, wo wir als die dortigen Einwohner die alten Preußen kennen[36]. Es kann demnach kein Zweifel bestehen, daß wir in diesen Siedlern das Volk der Balten vor uns haben, zu denen außer den ausgestorbenen Preußen noch die heutigen Litauer und Letten gehören. Da das Baltische mit dem Slavischen eine engste Sprachgemeinschaft bildet, so müssen beide Stämme einst dicht beieinander gewohnt haben. Dann kommt aber als Urheimat der Slaven, da südlich von Ostpreußen bis an und weit über die Weichsel illyrische Stämme saßen, nur die Gegend östlich davon, das nordöstliche Polen, etwa die Landschaft Podlesien in Frage. Dort hat man auch eine Kultur mit gestreifter Keramik herausgearbeitet und sie den Slaven zugeteilt[37].

Die altpreußisch-baltische Kulturprovinz hat ein merkwürdiges konservatives Gepräge. Sie ist überall rückständig. Nimmt irgend eine Erfindung ihren Weg über die Völkergrenzen, so erscheint sie einmal auch in Ostpreußen, aber doch viel später als anderswo. Es liegt abseits von allem Verkehr. Denn der große Bernsteinhandel lag damals noch an der Nordsee. Die übrigen Indogermanen stießen bei ihren Wanderungen meist auf überlegene Kulturen, die sie in ihrem Geiste umformten, in Ostpreußen und im angrenzenden Baltikum fand man eine Bevölkerung vor, die Träger der Kamm- oder Grübchenkeramik, die den indogermanischen Einwanderern kulturell weit unterlegen war. Als finnische Stämme an deren Stelle traten, blieb die Kultur die gleiche. Derselbe Zustand herrschte bei den angrenzenden Slaven. Nur an den westlichen Randgebieten, wo man mit andern indogermanischen Stämmen in Berührung kam, mag sich ein höherer kultureller Einfluß geltend gemacht haben. In die Länder selbst hinein ist er nicht gedrungen. So haben diese beiden indogermanischen Völker über zweitausend Jahre lang abseits von den übrigen und fern von größeren Kultureinflüssen gestanden. Das hat sich auch auf die Sprache ausgewirkt. Wenn man die späte Überlieferung in Abzug bringt, so sind Baltisch und Slavisch recht altertümliche indogermanische Sprachen. Die litauische Deklination von heute ist z. B. noch so urtümlich, daß sie höchstens im vedischen Indisch, das uns fast 3000 Jahre früher bekannt ist, ein Gegenstück findet.

Die Balten waren nördlich vom Meer und nichtindogermanischen Stämmen umschlossen, im Westen von Germanen, im Süden von Illyrern und Slaven, die Slaven ihrerseits im Norden von den Balten, im Westen von Illyrern, im Süden sperrten Sümpfe den Weg. Ein Ausweichen nach Westen war nicht möglich. Hier hielten Germanen und Illyrer und später, als die Illyrer vor den Germanen weichen mußten, diese allein weit über ein Jahrtausend treue Wacht im Osten. Ja, sie nahmen auch jeder Zeit, wenn sie wollten, brauchbares Ackerland jenseits dieser Grenze für sich in Besitz. Wenn also Balten und Slaven für die überschüssige Bevölkerung nach neuem Siedlungsland suchten, so war ein Ausweichen nach Süden und Norden wohl denkbar, aber durch die Natur des Landes erschwert und nicht immer ohne Kampf möglich. Nur nach dem Osten stand der Raum noch unbehindert offen. So wohnten Balten und Slaven zunächst auf einem verhältnismäßig schmalen, aber langen nach Osten bis in die Gegend von Moskau reichenden Raum, der allmählich nach Süden über die Pripjetsümpfe bis zum mittleren Dnjepr erweitert wurde. Das hat uns die Ortsnamenforschung deutlich gelehrt[38]. Erst als Ostdeutschland wegen Klimaverschlechterung und der damit verbundenen Krankheiten von den Germanen geräumt wurde und die Avaren mit ihrem slavischen Fußvolk auf den Balkan einfielen, wo es die byzantinische Politik verstand, Germanen gegen Germanen zu hetzen, tauchten die Slaven in der Weltgeschichte auf und besetzten mühelos die fast leer gewordenen Räume. Sie sind die eigentlichen Nutznießer sämtlicher Völkerwanderungen gewesen. Während Phryger, Thraker, Illyrer und Kelten bei ihren Ausdehnungsbestrebungen fast restlos zugrunde gingen und die Germanen in den Jahrhunderte dauernden Kämpfen mit den Römern ihr bestes Blut opferten, ehe sie das Imperium stürzten, oder Kulturdünger für die romanischen Völker wurden, haben die Slaven, ohne Widerstand zu finden, die nur noch schwach besiedelten Länder besetzt. Dadurch sparten sie ihre nicht allzugroße Volkskraft für spätere Zeiten auf. Denn daß sie nur klein gewesen sein kann, geht schon daraus hervor, daß es ihnen nicht einmal gelang, die in Dacien vorhandenen römischen Soldatenkolonien zu überrennen. Später genügte außerdem der Ungarneinfall, um die lange Slavenkette, die einst von der Ostsee bis zur Ägäis reichte, für alle Zeiten zu sprengen. Auch der deutsche Ostraum hätte nicht so schnell zurückerobert werden können, wenn die Slaven dort dichter gesiedelt hätten.

Die Balten sind bei dem Versuch, für ihre überschüssige Bevölkerung neuen Lebensraum zu gewinnen, am schlechtesten gefahren. Nach Süden verlegten ihnen die Slaven den Weg, die ihrerseits gegen Norden vorstießen und die Balten aus ihren östlichen Gebieten zur Abwanderung nach Nordwesten veranlaßten. Als die Slaven Ostdeutschland besetzten, umschnürten sie auch im Süden und Westen das baltische Gebiet, so daß eine Ausbreitung nur nach Norden noch in Frage kam. Die westlichsten Balten, die Preußen, sind dann bekanntlich dem deutschen Ritterorden erlegen. Zwar hat es am Ende des Mittelalters auch ein großlitauisches Reich gegeben, aber Litauer werden darin kaum die Mehrzahl der Bevölkerung gebildet haben. Nur kurz vor und nach der Reformation haben sich die Litauer etwa von der mittleren Memel aus bis zur ostpreußischen Grenze und darüber hinaus bis nach Ostpreußen hinein ausdehnen können. Nördlich davon gewannen sie das Meer, und Letten drangen in ehemals finnisches Gebiet ein.

In der indogermanischen Urheimat verblieben sind allein die Germanen. Aus ihrem Kerngebiet, den dänischen Inseln, Südwestskandinavien, Jütland, Schleswig-Holstein und Mecklenburg drangen sie seit der Bronzezeit immer mehr nach

Süden, Osten und Westen vor. Zu Beginn der Eisenzeit sind sie im Osten die unmittelbaren Nachbarn der baltischen Preußen geworden. Von der Weichselmündung zogen die Bastarnen Weichsel und Bug aufwärts und erreichten schließlich Südrußland und das Schwarze Meer. In Mittel- und Westdeutschland ging das Vordringen weit langsamer, weil hier die Natur und kriegerische Stämme, namentlich die Kelten, den Weg versperrten. Aber auch sie mußten schließlich weichen, und schon vor Beginn unserer Zeitrechnung ist Süd- und Westdeutschland im Wesentlichen germanisches Gebiet.

Als die echtesten Indogermanen müssen die Germanen auch die indogermanische Sprache treu bewahrt haben. Das bemerke ich deshalb, weil oft Stimmen laut geworden sind, die behauptet haben, das Germanische sei bereits eine Mischsprache, wobei man mit Vorliebe auf die germanische Lautverschiebung zu verweisen pflegt. Von derartigen Behauptungen bleibt nichts übrig. Wenn das Germanische in Flexion, Wortbildung und Wortwahl mit dem Altindischen und nur mit diesem zahlreiche Altertümlichkeiten teilt [39], so beruht dies auf dem gemeinsamen Anteil der Großsteingräberleute bei der Volkwerdung der Germanen und der Arier. Die engen Beziehungen im Wortschatz und der verbalen Stammbildung mit dem Lateinischen gehen auf den anderen, den schnurkeramischen Untergrund, zurück, der auch besonders stark im Keltischen und Baltisch-Slavischen vertreten ist. Später haben die Germanen mit den Illyrern gemeinsame Grenzen und wohl auch regen sprachlichen Austausch gehabt. Die dürftigen Reste scheinen das zu bestätigen [40].

Zum Schluß ist die Frage wichtig, wo sich die indogermanischen Sprachen bis heute haben erhalten können. Im Grunde nur dort, wo die Beziehungen zum Mutterlande besonders eng waren oder eine günstige geographische Lage Beeinflussung von außen verhinderte. Schon daraus ergibt sich, daß die Zahl der Auswanderer immer nur gering war und allein das Vertrauen auf die eigene Kraft und die Hilfe ihrer Götter verbunden mit hohen Gaben der Organisation es möglich machte, zahllose Reiche in der Ferne, wenn auch oft nur für kurze Zeit, zu gründen. Das reichbewohnte Kleinasien mit seiner Stadtkultur hat von dem indogermanischen Bauernvolk nie indogermanisiert werden können. Alle Indogermanen sind schließlich doch der fremden Bevölkerung erlegen. Zwar haben die Phryger weit über tausend Jahre sich ihrer heimischen Mundart bedient, und auch die Gallier haben mehrere Jahrhunderte ihr keltisch noch gesprochen, von den Hethitern und sonstigen kleinen Volkssplittern ganz zu schweigen. Untergegangen sind sie schließlich alle bis auf die Armenier, die ihre Sprache nur dadurch bewahrten, daß sie in ein schwach besiedeltes, unzugängliches Bergland gedrängt wurden. Aber wie schon hervorgehoben wurde, hat das Armenische stark sein indogermanisches Aussehen verloren.

Den Griechen, die wie die übrigen Wanderer nach dem Süden Kleinasien als ersehntes Ziel ansahen, aber von den Stärkeren nach Westen abgedrängt wurden, ward ihr Unglück zum Segen. Sie gerieten so in eine Landschaft, die von drei Seiten vom Meer umflossen und im Norden zum Teil durch Berge abgeriegelt war. Das überwiegende Bergland und der felsige Boden spendete nur einer geringen Bevölkerung Nahrung. So war das Land von Haus aus nur schwach besiedelt. Aber trotzdem hätte der erste Einbruch kaum zu einer Indogermanisierung geführt, wenn nicht noch zwei neue Zuwanderungen erfolgt wären. Auch die Apenninhalbinsel ist in alter Zeit nur an der ligurischen Küste und in Süditalien stärker bewohnt gewesen. Die Poebene war noch zur Zeit des zweiten punischen Krieges auf weite Strecken unbesiedelt. Den Römern, die als die ersten Indogermanen auf der Halbinsel Fuß gefaßt hatten, folgten dann, durch den Einbruch der thrakischen Reiter nach Ungarn veranlaßt, Osker, Umbrer, Veneter, Messapier, Japyger und andere Angehörige illyrischer Stämme nach, so daß in kurzer Zeit ganz Ostitalien von Indogermanen überflutet wurde. Römische Verwaltungskunst hat dann später alle diese Sprachen aufgesogen und ein einheitliches Italien mit einheitlicher Sprache geschaffen.

Die kriegerischen, tapferen Kelten haben zwar ein gewaltiges Reich erobert, aber ihre Volkskraft reichte nach den verzehrenden Kriegen nicht mehr aus, diese Räume mit keltischem Blut hinreichend zu füllen. Man gewinnt aber gerade bei ihnen den Eindruck, daß viele ihrer Züge weniger der Erwerbung neuen Ackerlandes galten, als vielmehr reine Beutezüge ohne jedes feste Ziel geworden waren. Sie mußten früher oder später zur Vernichtung der einzelnen Freibeuter führen. Wenn Balten und Slaven ihr indogermanisches Volkstum bewahrten, so liegt das daran, daß sie völlig abgeschlossen in einer Umgebung saßen, die ihnen kulturell nichts zu bieten hatte und nicht allzu zahlreich gewesen sein kann. Die Balten haben dazu immer auf engstem Raum gewohnt, den sie kaum wesentlich erweitern konnten. Die Slaven hatten das unerhörte Glück, daß sie bei ihren späten Wanderungen entweder in frei gewordene Räume eindrangen, die wegen der unwirtlichen Natur nur schwach besiedelt waren, oder Landstriche einnahmen, deren Bevölkerung durch fortwährende Kriege stark gelichtet war. So trafen hier mehrere Glücksumstände zusammen, die das Volk nicht bloß erhielten, sondern ihm auch genügend Zeit zur inneren Entwicklung und Auffüllung seiner Kräfte gaben. Auch bei den Albanern ist es wie bei den Armeniern das unzugängliche Bergland gewesen, das ihre Sprache vor völliger Vernichtung bewahrt hat. Aber viel indogermanisches Erbgut ist hier wie dort nicht übrig geblieben.

Nur die Arier scheinen aus dem ganzen Rahmen herauszufallen. Wäre es bei dem ersten Vorstoß der Großsteingräberleute nach Südrußland geblieben, so hätten die Arier so wenig wie viele andere indogermanischen Stämme ihre Sprache erhalten können. Aber dem ersten Zuge folgten aus dem schlesischen Raum noch mehrere Jahrhunderte weitere Schübe und verstärkten das indogermanische Blut, daß es schließlich den Sieg über die fremden Elemente errang und ein neues, wenn auch durch die Steppe stark verändertes, indogermanisches Volk schuf. Die Abwanderung der arischen Stämme scheint dann mit Hilfe des Streitwagens schnell und sehr geschlossen vor sich gegangen zu sein, so daß während dieser Zeit fremde Einflüsse kaum wirken konnten.

Von zahlreichen Wanderungen indogermanischer Völker namentlich nach dem Osten, die wir durch die Vorgeschichte erfassen können, gibt uns kein Name irgend welche Kunde. Sie sind, weil sie keinen Zuzug aus der Heimat erhielten, restlos untergegangen.

Nur die Germanen sind in der alten Heimat geblieben und haben von hier namentlich nach Süden, Osten und Westen Raum gewonnen. Aber sobald sie sich von dem alten Mutterland entfernten und Reiche schufen, denen der Zustrom aus der früheren Heimat versagt blieb, so sind diese, selbst wenn sie noch so groß und mächtig waren, dennoch untergegangen. So wiederholt sich in der germanischen Völkerwanderung das Schicksal der Indogermanen.

ANMERKUNGEN

[1] S. zuletzt Verfasser: Zeitschrift für vergleichende Sprachforschung auf dem Gebiete der indogermanischen Sprachen (abgekürzt KZ.) 66, 55ff. (1939).

[2] S. Verfasser KZ. 66, 52ff. (1939).

[3] Vgl. dazu z. B. H. Seger: Hirtfestschrift I, 1ff. (1936).

[4] Vgl. G. Heberer: Die mitteldeutschen Schnurkeramiker. Beiträge zur Rassengeschichte Mitteldeutschlands, Halle 1938. Derselbe: Rassengeschichtliche Forschungen im indogermanischen Urheimatgebiet, Jena 1943.

[5] S. z. B. Sprockhoff, Die nordische Megalithkultur Berlin-Leipzig (1938), bes. 15ff., 150ff., Schwantes, Vorgeschichte Schleswig-Holsteins 277f. (1934), dazu Verfasser, Ursprung der indogermanischen Deklination 4f. (1944).

[6] S. Verfasser, Ursprung der indogermanischen Deklination 99.

[7] Z. B. P. Kretschmer, Glotta 14, 300ff. (1925) und sonst.

[8] Vgl. Fr. Hančar: Urgeschichte Kaukasiens (1937) 243ff., 339, 350ff., 406ff. (Tafel XXXIX) mit teilweise anderer Auffassung, derselbe, Leip-

ziger Vierteljahrschrift für Südosteuropa (1942) VI, 246ff.; P. Kretschmer, KZ. 55, 97ff. (1928), derselbe, Inder am Kuban, Anzeiger der Akad. der Wissensch. in Wien, phil.-hist. Kl. 80. Jahrg. (1943) 35ff.

[9] Hierzu und dem folgenden Verfasser KZ. 66, 4ff.

[10] Vgl. E. Schwyzer, Griech. Gramm. I 57 mit Literatur (1939).

[11] Äyräpää (Europaeus) Eurasia septentrionalis antiqua 8 (1933), 120ff.

[12] Äyräpää (Europaeus) a. a. O. 123ff. Hančar: Urgeschichte Kaukasiens 280ff., 339, 351ff., 407 (Tafel LVI) mit teilweise andrer Auffassung.

[13] Nach freundlicher Mitteilung Ferdinand Sommers aus einem noch ungedruckten Aufsatz.

[14] S. H. Reinerth, Die jüngere Steinzeit der Schweiz (1926) 177ff., 214, 220 und die Verbreitungskarten der Beiltypen.

[15] Falsch darüber Verfasser, KZ. 62, 103 (1935).

[16] Zuletzt Verfasser KZ. 66, 48ff.

[17] S. J. Wiesner, Vor- und Frühzeit der Mittelmeerländer (1943) II. Das westliche Mittelmeer 60 (Samml. Göschen Bd. 1150).

[18] S. J. Wiesner, Fahren und Reiten in Alteuropa (1938) 24ff., 37ff., derselbe, Vor- und Frühzeit der Mittelmeerländer I. Das östliche Mittelmeer 95f. (Samml. Göschen Bd. 1149) (1943).

[19] S. Fr. Hančar: Ein nordisches Streitwagenbild im östlichen Kaukasus, Fortschritte und Forschungen XIX (1943) Heft 3/4 S. 26ff.

[20] S. J. Wiesner, Fahren und Reiten in Alteuropa 44ff., derselbe, Vor- und Frühzeit der Mittelmeerländer. I. Das östliche Mittelmeer 122. II. Das westliche Mittelmeer 80ff.

[21] S. Schachermeyer, Etruskische Frühgeschichte 27ff. (1929), J. Wiesner, Die Welt als Geschichte (1942) 8, 197ff.

[22] Vgl. Fr. Altheim, Italien und Rom, 2. Aufl. I, 15ff. (1943).

[23] S. zuletzt P. Kretschmer, Glotta 30, 134ff. (1943), mit etwas anderer Auffassung.

[24] Bereits von Wilh. Schulze, G. G. A. 1897, 882 hervorgehoben, zuletzt besonders Krahe z. B. Die Welt als Geschichte 3, 291ff. (1937).

[25] S. dazu v. Blumenthal, Glotta 18, 151ff. (1930), Indogermanische Forschungen 49, 169ff. (abgekürzt IF.) (1931), Hesychstudien (1930) 2ff., Krahe, IF. 49, 271 und sonst.

[26] Strabon VII, 5, 6. VII, 7, 3. VII, 7, 9.

[27] S. v. Richthofen, Prähistorische Zeitschrift 25, 198 (1934).

[28] S. z. B. Kretschmer, Einleitung in die Geschichte der griechischen Sprache 225 (1896).

[29] Herodot V, 3.

[30] Vgl. N. Jokl, Eberts Reallexikon I, 92 (1924), Skok, Zeitschrift für Ortsnamenforschung 7, 43ff. (1931).

[31] S. Wilh. Schulze, Kleine Schriften 717 (1934).

[32] Dem Versuch O. Menghins, Hruschewskyj-Festschrift (1928), die Tocharer aus einer Vermischung der bemalten Bandkeramik Südrußlands mit der eingewanderten Megalithgräberkultur zu deuten, widersprechen sprachliche Belange.

[33] S. W. Schulze, Kleine Schriften 257ff.

[34] S. J. Schranil, Die Vorgeschichte Böhmens und Mährens 41f., 50 (1928).

[35] Vgl. A. Mahr, New aspects and problems in Irish prehistory, paper Nr. II, reprinted from the proceed. of the prehist. soc. for 1937 (Jul.-Dec.).

[36] S. C. Engel, Vorgeschichte der altpreußischen Stämme besonders 283ff. (1935), derselbe, Aus ostpreußischer Vorzeit 37f. (1935).

[37] S. v. Richthofen, Reche-Festschrift, Kultur und Rasse 150ff. (1939).

[38] Vgl. K. Buga, Streitberg-Festgabe 22ff. (1924), M. Vasmer, Beiträge zur historischen Völkerkunde Osteuropas. I. Die Ostgrenze der baltischen Stämme, Sitzber. d. Pr. Akad. d. Wiss., Philos.-hist. Kl. 1932 S. 637f. Derselbe, a. a. O. II. Die ehemalige Ausbreitung der Westfinnen in den heutigen slavischen Ländern 1934 S. 351ff. Derselbe a. a. O. III. Merja und Tscheremissen 1935 S. 507ff. Derselbe, Die alten Bevölkerungsverhältnisse Rußlands im Lichte der Sprachforschung (1941) S. 18.

[39] Verfasser, KZ. 62, 30f. (1935), KZ. 64, 67 (1937).

[40] Vgl. F. Sommer, IF. 42, 132 (1924), Krahe, IF. 47, 321ff. (1929), IF. 57, 118 (1940), Hirtfestschrift II, 565ff. (1936). M. Vasmer, Zeitschrift für slavische Philologie 6, 145ff. (1929).

Die Herstellung der Karten verdanke ich der Güte von Walter Schulz, Landesanstalt für Volkheitkunde in Halle (Saale).

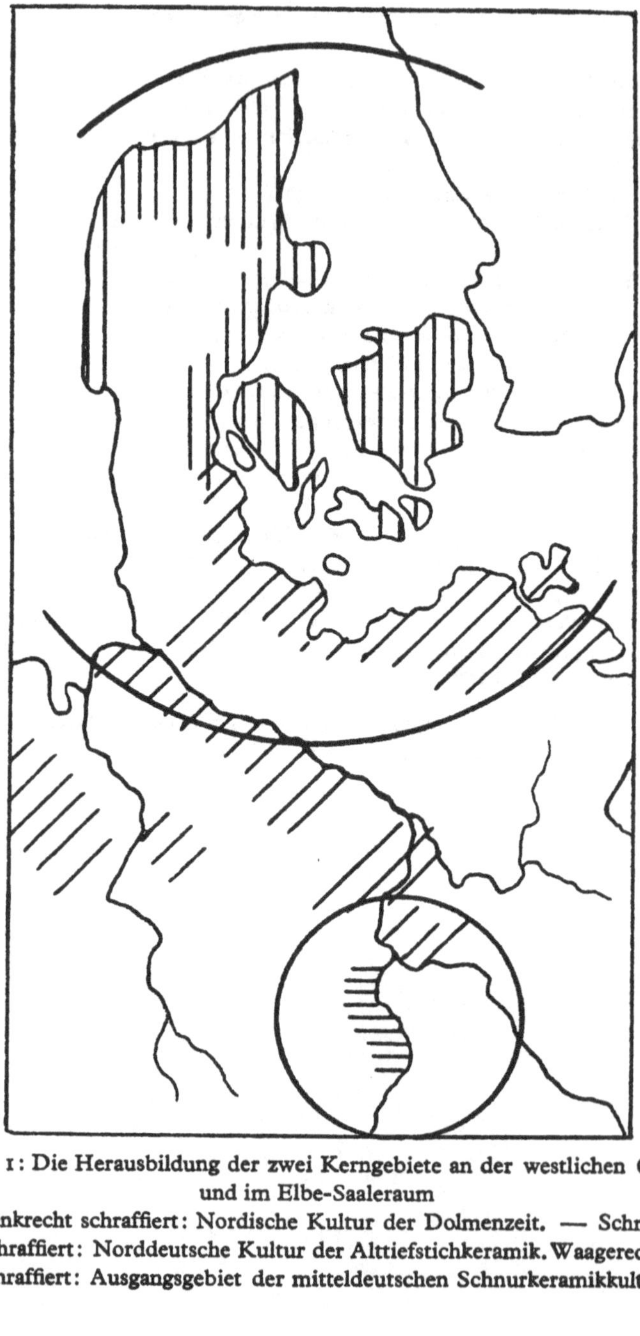

Karte 1: Die Herausbildung der zwei Kerngebiete an der westlichen Ostsee und im Elbe-Saaleraum
Senkrecht schraffiert: Nordische Kultur der Dolmenzeit. — Schräg schraffiert: Norddeutsche Kultur der Alttiefstichkeramik. Waagerecht schraffiert: Ausgangsgebiet der mitteldeutschen Schnurkeramikkultur

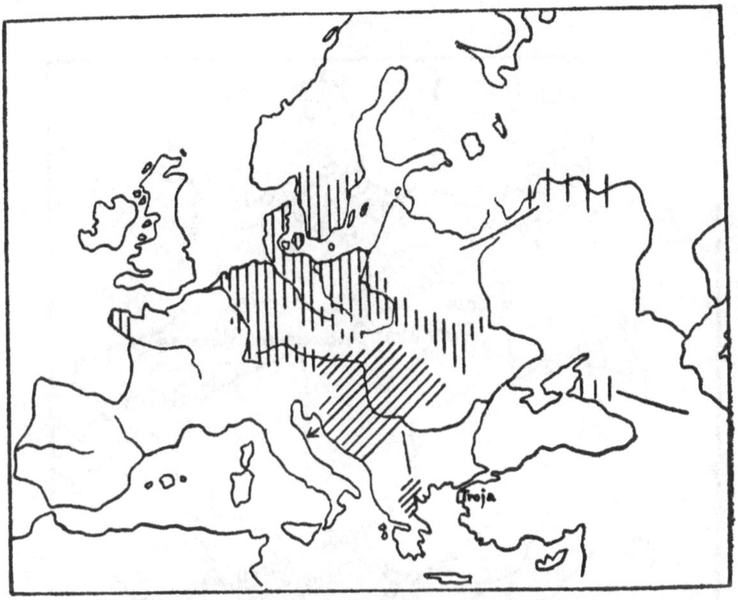

Karte 2: Ausbreitung nordischer Kulturen einschließlich nordisch-bandkeramischer Mischkulturen (schräg schraffiert)

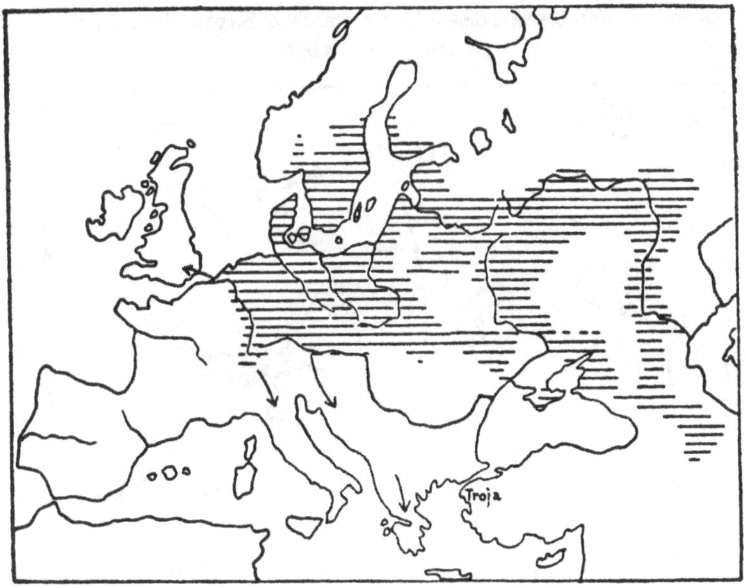

Karte 3: Ausbreitung der Schnurkeramik und der Streitaxtkulturen nach A. M. Tallgren und C. Engel (mit geringen Ergänzungen)

Karte 4: Verlagerung des indogermanischen Kerngebietes in der älteren Bronzezeit

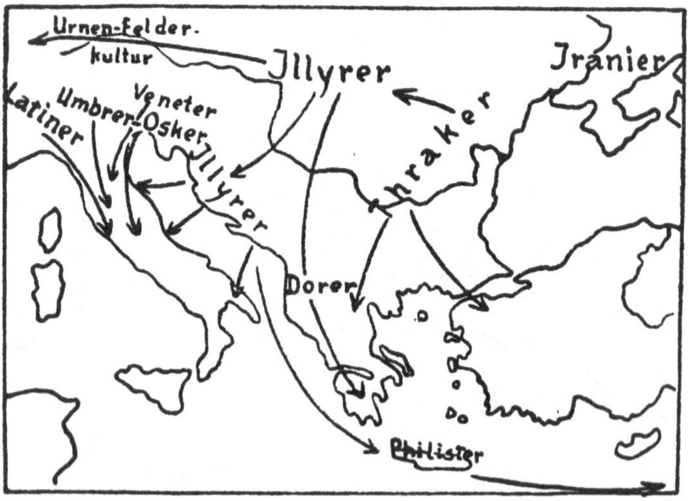

Karte 5: Ausbreitung der Indogermanen in der jüngeren Bronzezeit

Fortsetzung von Seite 2)

11. Heft: König Friedrich Wilhelm I. als Begründer des preußischen Staates. Von Prof. Dr. Fritz Hartung. 8°. 36 Seiten. 1942. RM 1.—

12. Heft: Die alttertiären Säugetiere Mitteldeutschlands nach den Hallenser Grabungen im Geiseltal und bei Walbeck. Von Prof. Dr. Johannes Weigelt. 8°. 48 Seiten und 8 Tafeln. 1942. RM 1.80

13. Heft: Energiesatz und neuere Physik. Von Prof. Dr. Max von Laue. 8°. 23 Seiten und 20 Abb. auf 11 Tafeln. 1943. RM 1.60

14. Heft: Elfhundert Jahre Verdun. Deutschland und Europa im Laufe der Geschichte. Von Friedrich Stieve. 8°. 22 Seiten. 1943. RM —.80

15. Heft: Werner von Siemens. Von Staatsrat Prof. Dr. Abraham Esau. 8°. 20 Seiten und 1 Tafel. 1943. RM —.80

16. Heft: Über den Licht- und Farbensinn. Von Prof. Dr. Wilhelm Trendelenburg. 8°. 32 Seiten und 11 Abb. 1943. RM 1.—

17. Heft: Die Kulturpolitik des Mongolischen Weltreichs. Von Prof. Dr. Erich Haenisch. 8°. 32 Seiten und 1 Tafel. 1943. RM 1.—

18. Heft: Erbanlage als Schicksal und Aufgabe. Von Prof. Dr. Otmar Frhr. von Verschuer 8°. 25 Seiten. 1944. RM —.80

19. Heft: Volk, Raum und politische Ordnung in der deutschen Hanse. Von Prof. Dr. Fritz Rörig. 8°. 24 Seiten. 1944. RM —.90

20. Heft: Die Ausbreitung der Indogermanen. Von Prof. Dr. Franz Specht. 8°. 36 Seiten. 1944. RM 1.20

21. Heft: Das Plancksche Wirkungsquantum. Von Prof. Dr. Werner Heisenberg. 8°. 1944. Im Druck.

22. Heft: Der Physiker und sein Werkzeug. Von Prof. Dr. Walther Bothe. 8°. 1944. Im Druck.

Die Hefte erscheinen in zwangloser Folge

VERLAG WALTER DE GRUYTER & CO., BERLIN W35

FSC
www.fsc.org
MIX
Papier | Fördert gute Waldnutzung
FSC® C083411

Kolibri 360 GmbH
Ferdinand-Jühlke-Straße 7
99095 Erfurt, Deutschland
produktsicherheit@kolibri360.de